国家动漫精品工程 / 科学画家赵闯独家授权达尔文计划翼龙复原图

益鸟文化

翼龙专家 下

史前天空统治者深度解密

赵闯 / 绘　杨杨 / 文
中国科学院科学传播研究中心科学美术研究室 / 编辑
啄木鸟科学小组 / 作品

谨以此书献给：

英国生物学家，演化论奠基人查尔斯·罗伯特·达尔文（Charles Robert Darwin），感谢他为人类正确理解生命演化作出的巨大贡献！

英国医生、地质学家、古生物学家吉迪恩·安吉诺·曼特尔（Gideon Algernon Mantell），感谢他发现了禽龙及一生对古生物学作出的巨大贡献！

艺术家、科学家、科学画家李奥纳多·达·芬奇（Leonardo di ser Piero da Vinci），感谢他教会了我们用科学的视角及方法进行完美的艺术创作！

目录 / 导读

翼龙家族的繁衍

早白垩世，南美洲。

漫长的旅程即将开始，鸟掌翼龙们成群结队地向北方飞去，它们要飞行数千公里，跨越大海、森林、平原和沙漠。在寂寞而艰难的旅程中，只有一个信念支撑着它们：向北，然后在那里完成争斗、交配和繁衍。

这是每一个翼龙家族的使命，它们世世代代为这个目标而努力着。

年老、年幼和弱小的翼龙或许都会在这次旅途中丧生，不过，这并没有什么好悲伤的。因为健壮的翼龙会抓住机会为自己的家族再次添丁，让家族将它们强大的力量继承下去，而抛弃那些软弱的基因！

这是翼龙在残酷的生存环境中选择的繁衍路径，公平、公正！

朝阳翼龙：它能在陆地上轻松行走

朝阳翼龙生活在早白垩世的中国东北部，它们的体型比较大，翼展约有 1.85 米。

朝阳翼龙之所以起这个名字是因为它是在中国辽宁朝阳市被发现的，而不像黎明角龙那样，用寓意如此深刻的名字来表明它们在家族中的位置。

因为朝阳翼龙的化石缺失了头骨的后半部分，所以我们只知道它们长有一个前部尖细的脑袋，嘴中没有牙齿，而不知道它们的脑袋上是否长有脊冠。

朝阳翼龙的脖子较长，身体则要瘦小一些。它们的前后肢长度接近，后肢强壮，这说明它们并不像自己的亲戚那样在陆地上寸步难行，而是有更多的时间待在地面上，并且能在陆地上轻松行走。

由此推断，朝阳翼龙的所有捕食行为或许并不全是在天空中完成的，它们也可能依靠其强壮的四肢在陆地上捕猎。

朝阳翼龙

中文名称：朝阳翼龙　　学　名：*Chaoyangopterus*
释　义：来自朝阳的翅膀　　体　型：翼展 1.85 米
生存年代：早白垩世
化石产地：亚洲，中国　　命名者：汪筱林，周忠和

宁城翼龙

中文名称：宁城翼龙
学　名：*Ningchengopterus*
释　义：来自宁城的翅膀
体　型：翼展超过 50 厘米
生存年代：早白垩世
化石产地：亚洲，中国
命名者：吕君昌

宁城翼龙：它的身上披着一层细密的绒毛

宁城翼龙也生活在早白垩世中国东北部，和朝阳翼龙比起来它可是个小个子，即使是成年的宁城翼龙的翼展也才刚刚超过 50 厘米，和之前介绍过的森林翼龙差不多大。

长相可爱的宁城翼龙有一个最为特别的地方，那就是它头顶上的脊冠。

宁城翼龙的脑袋又尖又长，脑袋后部膨大，眼睛位于膨大的后方。

宁城翼龙的脖子较长，大约与脑袋的长度相等。它们的身体很细瘦，四肢则较为发达。它们很可能生活在沼泽湖泊地区，以小鱼为食。

在谈到宁城翼龙的时候，还有一个不得不说的地方，它的化石是一个几乎完整的幼年个体骨骼，包括难以保存的罕见的翼膜和毛的软组织。这样的化石非常可贵，因为人们可以很明确地根据化石中保存的毛发软组织进行这样的判断：宁城翼龙的身上披着一层细密的绒毛。因此，它的样子便成了复原图上所表现的，毛茸茸的，可爱极了！

环河翼龙：拥有超长的脖子

环河翼龙的翼展能够达到 2.5 米，是颌翼龙亚科中体型最大的成员。

从外形上看，环河翼龙最明显的特征是它修长的脖子。它的脖子非常长，甚至超过了脑袋的长度，成为整个身体中最长的一段，这点类似于后期的神龙翼龙超科成员。你可以想象，如果有幸看到它们展翅翱翔于天空时的样子，一定会觉得那是一根细细的脖子独自在天空中游荡。

在环河翼龙脖子的前端，是它那个又长又大的脑袋，它的眼睛位于膨大的后部，鼻孔位于中间，头顶有低矮的脊冠。虽然环河翼龙与颌翼龙有着比较近的亲缘关系，但是环河翼龙的脑袋前部并没有形成明显的勺状，而只是相对较宽。在环河翼龙的嘴中长有超过 100 颗牙齿，按照从前向后由大到小的规律生长。从牙齿的形状和结构看，它们可能具有与颌翼龙等相同的滤食性进食方式。

因为超长的脖子和脑袋，使得环河翼龙的身体看上去非常小，而且它几乎没有尾巴，要不是那宽大的双翼和强壮的后肢，我们几乎可以忽略掉它的身子。

而综合环河翼龙的归属以及身体结构来看，科学家推测它们应该是一种善于在地面上运动的翼龙目动物。

环河翼龙

中文名称：环河翼龙
学　名：*Huanhepterus*
释　义：来自环河的翅膀
体　型：翼展 2.5 米
生存年代：早白垩世
化石产地：亚洲
命名者：董枝明

北票翼龙：科学家首次发现了含胚胎的翼龙蛋化石

北票翼龙是早白垩世中国东北部比较常见的小型翼龙，但是它们的化石保存下来的并不多。特别是头骨的缺失让我们感到很遗憾，因此对于北票翼龙脑袋的样子我们只能进行推测了！

科学家的推测是，北票翼龙应该长有一个细长的脑袋，可能具有骨质的脊冠，而它的眼睛应该位于脑袋后部的颅部。

它们的嘴中长有密集如针的牙齿，集中分布在嘴巴前部。

但即使只有为数不多的化石，科学家还是在这些化石中发现了珍宝——一枚北票翼龙蛋化石。

研究人员发现，这枚翼龙蛋化石没有显示任何钙质硬壳结构，而是一层极薄的黑色碳质外壳，这反映了早期爬行动物生殖方式的原始性。北票翼龙蛋的发现，是世界上首次发现含胚胎翼龙蛋化石，具有重要的科学意义。

从北票翼龙其他部位的化石推测，北票翼龙的脖子较长，身体较小，双翼面积很大。此外，它们的后肢也很强壮，两腿之间连有尾膜，以鱼为生。

北票翼龙

中文名称：北票翼龙
学　名：*Beipiaopterus*
释　义：北票的翅膀
体　型：翼展约 1.2 米，体长约 0.55 米
生存年代：早白垩世
化石产地：亚洲，中国
命名者：吕君昌

梳颌翼龙：嘴巴像漏斗，牙齿像梳子

清晨的阳光透过树叶的缝隙，照射到晚侏罗世欧洲中部的大地上，清澈的湖水在阳光的照耀下现出一片涟漪。一切都像是要追随充满生机的阳光从黑暗中苏醒一样，生命的力量在森林里渐渐升腾起来。

两只梳颌翼龙踏进池塘，将头低低地埋在冰凉的水里。它们嘴巴里接近400颗的牙齿，虽然不能强有力地撕扯猎物，却可以像漏斗一样瞬间将大量的鱼搜罗到自己嘴里，然后再慢慢地把多余的水滤出！这样独特的捕鱼方式大大提高了它们的效率和成功率，所以当那些鱼儿看到这样的"漏斗"出现在水面时，总是想方设法躲得远远的。

就像前面的情景中所提到的，梳颌翼龙最为特别的地方，就是它们嘴中的牙齿。这些牙齿小而尖，密密麻麻地排列在上下颌骨上，就像梳子齿一样，这正是它得名的原因。

梳颌翼龙的牙齿数量非常多，超过了260颗，有些个体的牙齿甚至接近400颗。很显然，这种牙齿并不坚固，不适合捕食鱼类或是其他反抗能力很强的动物。古生物学家认为这些牙齿应该具有滤食器一样的功能，它们可能会在浅水中将长长的嘴伸入水下的泥沙中，然后通过过滤来摄取食物，就像刚刚所描述的那样。

梳颌翼龙长有极为细长的脑袋、细长的脖子以及很大的身体，但是它的尾巴超短。梳颌翼龙的前后肢都很强壮，上面连接着飞行用的翼膜。

梳颌翼龙

中文名称：梳颌翼龙
学　名：*Ctenochasma*
释　义：长有梳子齿般牙齿的下巴
体　型：翼展0.3~1.2米
生存年代：晚侏罗世
化石产地：欧洲
命名者：Christian Erich Hermann von Meyer

格格翼龙：实际上它和格格没什么关系

格格翼龙的名字并不是为了纪念哪位格格，说起来它的命名有些好笑，因为发现格格翼龙化石的科考队员中有一位女队员长得很像格格，所以研究人员就给格格翼龙起了这么一个带有皇亲国戚色彩的名字。

和这么有派头的名字比起来，格格翼龙的外形特征要显得朴实多了！格格翼龙长有一个超过 15 厘米的长长的脑袋，和一双大大的眼睛，脑袋前部延伸的嘴喙向上微微弯曲。它们的嘴中布满尖细的牙齿，这样的牙齿能让它们很容易抓到鱼儿。

现在，让我们看看它们捕鱼时的场景吧！

在捕鱼前，格格翼龙会在水面上滑翔，寻找猎物。当那双大眼睛看到靠近水面的鱼儿时，就猛地将脑袋扎到水里，这时候它们嘴巴里尖细的牙齿就能派上用场了，这些密集的牙齿能轻易地刺穿猎物并将其牢牢固定住。

抓到鱼之后，格格翼龙不会在水面上停留，它会凭借有力的颈部，挥动长翼向高空飞去。

格格翼龙

中文名称：格格翼龙
学　名：*Gegepterus*
释　义：格格的翅膀
体　型：翼展约 1.5 米
生存年代：早白垩世
化石产地：亚洲，中国
命名者：汪筱林等

飞龙：纪念传说中会飞的龙

仔细观察一下飞龙的学名就会发现，它并不像其他的翼龙使用国际规范的命名方式，而是直接使用了汉语拼音。据了解，这是因为当时的研究人员想纪念中国传说中会飞的龙，所以才这样命名。可巧合的是，在香港和台湾地区，飞龙就是翼龙的简称。这样一来，便容易让人们产生混淆了！

飞龙的体型中等，翼展大约为 2.4 米。它长有一个非常长的脑袋，有 40 厘米长，那样子看上去就像今天的鹳。
飞龙的嘴巴前端长有密密麻麻的小牙齿，细长弯曲。这些牙齿并不坚硬牢靠，所以不适合撕扯猎物或和它们角力，因此当它们要捕食的时候，会采取像梳颌翼龙一样的方法，用长长的嘴巴在水中滤食。

飞龙的头上有脊冠，从外形上看虽然并不具有什么神奇的特色，但是它们在数量上取得了胜利。飞龙的脊冠有两个，不过，因为前一个位于头骨中部而且很低，所以容易被人们忽略。我们往往只能看到后一个具有小小突起的脊冠。

飞龙

中文名称：飞龙
学　名：*Feilongus*
释　义：飞翔的龙
体　型：翼展约 2.4 米
生存年代：早白垩世
化石产地：亚洲，中国
命名者：汪筱林，周忠和等

捻船头翼龙捕食

白垩纪早期，欧洲西部的一个早晨。

清晨的天气总是这么美好，弃械龙、葡萄园龙、捻船头翼龙都不约而同地到湖边享用清凉的湖水。在水下游动的鱼儿也不忍错过这美好的时光，它们兴致勃勃地跃出水面，想抓紧时间感受一下湖水之外的世界。当然，它们并没有发现危险居然会在这么美丽的时刻降临。

正在水面上享受美景的捻船头翼龙敏锐地发现了这条鱼儿，它赶紧收拾起悠闲的心情，从水面上急速掠过，直奔一条小鱼而去，它那压低的翅膀顿时在水面上溅出阵阵水花。

捻船头翼龙向外突出的牙齿就像一把锋利的耙子，在阳光的照射下发出冰冷的光芒。这把耙子能把鱼轻松地带到嘴里，然后再把多余的水滤出，简直就是一个绝美的捕鱼工具。

正在河边喝水的弃械龙和葡萄园龙，被搅动的河水吓了一跳，不自觉地向岸上退了回去，它们可不想打扰这只要去捕食的捻船头翼龙。

捻船头翼龙

中文名称：捻船头翼龙
学　　名：*Caulkicephalus*
释　　义：捻船工的脑袋
体　　型：翼展约 4 米
生存年代：早白垩世
化石产地：欧洲
命名者：Lorna Steel 等

神州翼龙

中文名称：神州翼龙
学　名：*Shenzhoupterus*
释　义：神州之翼
体　型：翼展 1.4 米
生存年代：早白垩世
化石产地：亚洲，中国
命名者：吕君昌，David Unwin

神州翼龙：小身子，大脑袋，没牙齿

生活在早白垩世中国东北的神州翼龙，属于朝阳翼龙科。

在整个朝阳翼龙科内，它是最小的属之一，翼展大约在 1.4 米左右。

不过，虽然神州翼龙的身体娇小，但是它却长了一个很不相称的大脑袋。从化石上看，它的头骨大约有 25 厘米长，看上去似乎超过了整个身体。

神州翼龙的脑袋长而高，造型奇特的巨大的鼻眶前孔几乎占去了头骨面积的一半。

说造型奇特是因为这个鼻眶前孔的外形很像鲨鱼的背鳍，只是和鲨鱼背鳍的位置不一样，它是高高地耸立在头顶上的。

神州翼龙有一个又尖又长的嘴巴，嘴巴里没有牙齿。

神州翼龙脑袋后面的身体较小，四肢很长。

之前我们在谈到朝阳翼龙、吉大翼龙等时，都感觉有些遗憾，因为科学家至今都没有发现它们完整的头骨，以至于我们不得不根据别的线索来对它们脑袋的样子进行推测。而现在，我们却可以准确地描绘出神州翼龙脑袋的样子，这不能不说神州翼龙非常幸运。作为目前发现的最新的朝阳翼龙科动物，它的化石中保存了完整的头骨，这对翼龙的研究来说弥足珍贵。

猎空翼龙

中文名称：猎空翼龙
学　名：*Mythunga*
释　义：空中的猎手与明星
体　型：翼展约 4.7 米
生存年代：早白垩世
化石产地：澳大利亚
命名者：Ralph Molnar，R. A. Thulborn

猎空翼龙：翱翔于澳大利亚的上空

澳大利亚的翼龙资源并不是很丰富，不过古生物学家
还是陆续发现了一些，猎空翼龙就是其中之一。

猎空翼龙的命名时间虽然很晚，在 2008 年的时候，
它才和人们见面，但是它的发现时间却远在 1991 年。
在猎空翼龙发现之前，科学家在澳大利亚发现的翼龙
化石多是一些破碎的残片，直到猎空翼龙横空出世，
才成为澳大利亚最重要的翼龙发现事件。

猎空翼龙的化石发现于澳大利亚昆士兰州北部的休
恩登镇附近，它名字中的"猎空"来源于昆士兰土著
语，意思是"空中的猎手与明星"。
猎空翼龙的化石发现的并不多，只有一个残缺的头
骨，所以我们对于它的了解也不多。

不过，通过有限的化石我们依然能够确定猎空翼龙的
嘴巴里布满空腔，这可能是为了给它减重，从而更利
于它飞行。

华夏翼龙：
它们的脊冠你看一眼就能记住

华夏翼龙最有特色的地方就是它头上的脊冠，这是辨识它时最明显的特征。

华夏翼龙的脊冠分为两部分，在它的嘴巴前端一直到鼻孔处，有一个明显的斧状脊，从侧面看就像是断了尖的犀牛角。而在这个斧状脊之后，还有一个尖长的骨质顶脊，它一直延伸到脑袋后面，高高耸起直指天空。

华夏翼龙没有牙齿，它的脖子很长。
为了适应长时间的飞行，华夏翼龙的后肢逐渐退化，长度还不到前肢的一半。它们的尾巴超短，两腿之间也连有翼膜。而它们的双翼很大，能够让它们在空中平稳地飞行。

华夏翼龙

中文名称：华夏翼龙
学　　名：*Huaxiapterus*
释　　义：华夏之翼
体　　型：翼展约 1.5 米
生存年代：早白垩世
化石产地：亚洲
命名者：吕君昌，袁崇喜

饥饿的红山翼龙

一只红山翼龙从高空俯瞰着三只尾羽龙，虽然它的肚子已经饿得咕咕叫了，可是眼前这三个家伙并不是它菜单上的食物。它能吃的不过是那些毫无防备的小鱼。看来，如果它想要填饱肚子，不得不再飞一段时间了！

生活于早白垩世中国的红山翼龙也算是一种非常幸运的翼龙目动物，因为科学家发现了很完整的红山翼龙头骨化石，这使得大家对它的长相有了一个比较确切的了解。

从红山翼龙头骨化石来看，它的脑袋巨大而尖长。并且，人们很容易就会在它的头骨上发现它的鼻眶前孔，因为它实在太显眼了，占了头骨的一大半面积。
相比大大的鼻眶前孔，它的眼眶孔又小又圆，这说明在它们的脑袋后部长有一双不大的眼睛。
除了鼻子和眼睛的信息，我们还能在红山翼龙的头骨化石上看到它牙齿的生长情况。化石显示，就像它的亲戚一样，红山翼龙嘴巴中长有两排锋利的牙齿，齿冠呈三角形，不过，它的牙齿数量明显要比亲戚多一些。

和修长的脑袋比起来，红山翼龙的身体较短，尾巴也很短。

红山翼龙

中文名称：红山翼龙
学　　名：*Hongshanopterus*
释　　义：红山的翼
体　　型：翼展约2米
生存年代：早白垩世
化石产地：亚洲，中国
命名者：汪筱林，周忠和等

破水觅食的匙喙翼龙

寂静的水面上，一只匙喙翼龙将嘴巴插入水里，舞动双翅，快速地移动着。

一道亮银般的口子划开了它身后的水面，不过很快水面便又恢复了平静。

没有人知道，在水面下，正在上演着一场激烈的争斗。匙喙翼龙淹没在水面下的嘴巴正不断地搅动着水藻和泥浆，逼迫那些水里的居民出现。然后，它便会抓住机会，将猎物统统收入自己的嘴中。

只一瞬间的工夫，水下一大批生龙活虎的生命便成了匙喙翼龙的美餐。

生活在晚侏罗世至早白垩世欧洲西部的匙喙翼龙是体型中等的梳颌翼龙超科成员，成年的匙喙翼龙翼展能够达到 1.7~2 米。匙喙翼龙的脑袋比较狭长，不过脑袋的前部却呈扁圆状，看上去就像家里吃饭的汤勺。它们的嘴巴里长有小而锋利的牙齿，和它的嘴巴配合起来很轻松地捕食到猎物。

匙喙翼龙的脖子较长，身体较小，几乎没有尾巴。

匙喙翼龙后肢比较粗壮，这是为了适应它奇特的捕食方式而进化出来的。就像之前介绍的，它们在捕食时需要在浅水区不断地四处移动，所以对运动能力要求很高。

匙喙翼龙

中文名称：匙喙翼龙
学　　名：*Plataleorhynchus*
释　　义：琵鹭的嘴巴
体　　型：翼展 1.7~2 米
生存年代：晚侏罗世至早白垩世
化石产地：欧洲
命名者：Stafford Howse，Andrew Milner

郝氏翼龙：敏锐的视觉是它们的捕食利器

一只郝氏翼龙在坑坑洼洼的岩石上前进，如果不是为了捡起它刚刚丢掉的那条小鱼，它可不会选择这样的行进道路！
它并不喜欢在陆地上行走，因为那不是它的强项。

郝氏翼龙更喜欢飞翔，或者像蝙蝠一样倒挂在树上休息。

郝氏翼龙属于翼手龙亚目中的鸟掌龙科，和它的亲戚比起来，它的体型很小，翼展只有 1.35 米。

虽然郝氏翼龙的体型很小，但它却长着一个又尖又长的脑袋。它的脑袋呈现出漂亮的流线型，并没有明显的脊冠。
郝氏翼龙的嘴里长有锋利的、圆锥形的牙齿，非常适于捕鱼。

在郝氏翼龙的脑袋后部长有一双大大的眼睛，它们具有非常敏锐的视力，可以看清很远的东西。因此，当翱翔在天空中的郝氏翼龙不小心将嘴巴里那条小鱼掉到地面时，它们一点都不担心找不到它。

郝氏翼龙的脖子强而有力，它们拥有发达的胸部和前肢，上面附着着强壮的肌肉群，为它们的飞行提供足够的动力。
不过，与长而有力的前肢相比，郝氏翼龙的后肢明显短了很多，所以它们更适合在天空中自由翱翔，一旦落到地面上，它们顿时便失去了王者的风范。

郝氏翼龙

中文名称：郝氏翼龙
学　名：*Haopterus*
释　义：献给郝诒纯的翅膀
体　型：翼展约 1.35 米
生存年代：早白垩世
化石产地：亚洲
命名者：汪筱林，吕君昌

森林翼龙：特立独行的翼龙

在翼龙家族中，森林翼龙一定是一个特立独行的家伙，因为大部分翼龙都生活在大海和湖泊边，以鱼为生，但是森林翼龙却生活在茂密的森林中，以昆虫为食。

实际上，森林翼龙并不是不合群的家伙，它和团队的疏离仅仅是因为它独特的身体结构。森林翼龙的后肢特别强壮，而且还具有弯曲的爪子，这样可以让它牢牢地抓住树干，轻松地在树枝间攀爬。所以，森林翼龙并不喜欢抓鱼，在森林中飞舞的昆虫才是它最喜欢的食物。

森林翼龙的体型很小，它的翼展约25厘米，体长约9厘米，和今天的麻雀差不多大，是目前发现的体型最小的翼手龙亚目动物。

虽然体型很小，可森林翼龙却长有一个尖长的大脑袋。它的脑袋呈三角形，前上颌和前下颌非常非常尖。而后部的头颅比较膨大，长着一双超大的眼睛。森林翼龙具有非常好的视力。不过，森林翼龙的脑袋看上去平平的，没有任何脊冠。

森林翼龙没有牙齿，它们四肢强壮，几乎没有尾巴。

森林翼龙看上去非常漂亮，如果翼龙家族举行选美比赛，娇小可爱的森林翼龙一定会名列三甲。

森林翼龙

中文名称：森林翼龙
学　　名：*Nemicolopterus*
释　　义：森林中长翅膀的居民
体　　型：翼展约25厘米，体长约9厘米
生存年代：早白垩世
化石产地：亚洲，中国
命名者：汪筱林，周忠和等

中国翼龙：
爱吃鱼和果子

虽然有着看似霸气的名字，可实际上中国翼龙是个小不点，它的翼展只有0.7~1.5米，在白垩纪时期的翼龙家族中，根本不能算是个出众的家伙。

不过，虽然身材不出众，但它们的头冠却很特别，即使是当它们飞翔在天空时，这个奇特的头冠也一眼就能被认出来。中国翼龙的头冠分为两部分，首先在它们的鼻孔上方有一个突起的脊，其次在脑袋后面还有一个向后延伸的短脊。这两部分脊冠组成了它独特的头冠，看上去非常漂亮。

中国翼龙没有牙齿，脖子很长，四肢强壮，具有很好的陆地活动能力。它们很爱吃鱼，当时广布的淡水湖泊为它们提供了种类丰富的鱼类。不过，它们也并不只是以鱼为生，从它们的体型和四肢结构来看，它们也可能穿梭在树木之间，寻找虫子或是植物的果实为食。

中国翼龙

中文名称：中国翼龙
学　名：*Sinopterus*
释　义：中国之翼
体　型：翼展0.7~1.5米
生存年代：早白垩世
化石产地：亚洲
命名者：汪筱林，周忠和

古魔翼龙：它恐怖的脑袋把科学家都吓到了

巨大的植食性恐龙马萨卡利神龙突然陷在了沼泽里，两只犰狳鳄寻着这新鲜的味道而来，准备轻松地拿下上天赐给它们的猎物。
在一旁休息的古魔翼龙立刻腾空而起，它可不想参与到这场血腥的战争中……

古魔翼龙的化石刚刚被挖掘出来的时候，研究人员发现它的头骨化石非常恐怖，因此，他们给这个翼龙起名为古魔翼龙，取自当地图皮南巴人土著语中的"魔王"。
不过当我们今天看到古魔翼龙的复原图时，并没有觉得它长得多么恐怖。只是，它的脑袋确实大得吓人。
古魔翼龙的脑袋长度几乎相当于它身体长度的两倍，而且在脑袋上还长着一个很特别的脊冠。这或许就是研究人员当时觉得恐怖的原因吧！

与瘦小的身体相比，古魔翼龙的双翼宽大，这让它们可以在天空自由地飞翔。

古魔翼龙

中文名称：古魔翼龙
学　名：*Anhanguera*
释　义：古老的恶魔
体　型：翼展 4~4.5 米
生存年代：晚白垩世
化石产地：南美洲东北部，欧洲西部，大洋洲东部
命名者：D. A. Campos，A. W. A. Kellner

玩具翼龙：
这家伙的样子就像我们手里的玩具

玩具翼龙的名字听上去太特别了，一只翼龙怎么会和玩具联系在一起呢？

事实上，是因为玩具翼龙的头部外形融合了翼手龙亚目下两大翼科的头部特征，具体地说就是鸟掌龙科长满钉子般牙齿的特征，以及翼手龙科长有脊冠的特征。在玩具翼龙之前，没有一个物种可以同时具备这两种特征，这只在孩子们手里的翼龙玩具中出现过，所以才取名为玩具翼龙。

玩具翼龙的名字听上去小巧可爱，不过，真正的玩具翼龙却并不像它的名字那样。
玩具翼龙的体型很大，翼展能达到 5 米。它们长有异常狭长的脑袋、短而有力的脖子以及巨大而宽阔的双翼。不过，它们的尾巴很短。
除了保存很好的骨骼化石，在玩具翼龙的嘴巴之间，竟然保存有一片丝兰，也就是凤尾竹的叶子。这有些奇怪，因为我们实在无法想象满嘴尖牙的玩具翼龙会吃那些叶子。所以，最大的可能性就是，死后的玩具翼龙与这片丝兰叠压在了一起，而后恰巧被人类发现了！

玩具翼龙

中文名称：玩具翼龙　　学　名：*Ludodactylus*
释　义：像玩具一样的手指
体　型：翼展约 5 米
生存年代：早白垩世　　化石产地：南美洲
命名者：Eberhard Frey

妖精翼龙：
漂亮得像妖精一样

在影视作品或者书籍中，所有的妖精都拥有异常美丽的容颜，而当科学家发现妖精翼龙的时候，完全被它漂亮的头冠吸引了，所以为它起了妖精翼龙这个贴切的名字。

成年的雄性妖精翼龙和雌性妖精翼龙都长有大型的头冠，上面覆盖着角质层，并且有着艳丽的颜色。不过，雌性头冠后部会比较圆。

有些科学家认为，成年个体的脊冠是一个整体，由一块骨骼构成，而幼年妖精翼龙的脊冠是由两块骨骼构成的。当有一天这两个脊冠连接在了一起，小妖精翼龙就算是真正长大了。而当脊冠最终生长成大型艳丽的头冠时，它们就要开始自己的爱情之旅了。

妖精翼龙没有牙齿，它们有着长长的脖子和宽大的双翼，它们和其他发现于巴西的翼龙目动物一样，主要以捕食鱼类为生。

妖精翼龙

中文名称：妖精翼龙
学　　名：*Tupuxuara*
释　　义：妖精的指节
体　　型：翼展约 5.5 米，体长 2.5 米
生存年代：早白垩世
化石产地：南美洲
命名者：Alexander Kellner
　　　　　Diogenes de Almeida Campos

雷神翼龙：
它的头冠就像船帆

雷神翼龙最特别的地方就是脑袋上的巨大脊冠，这个脊冠就像船上的帆一样，高高地耸立在雷神翼龙的头上。

雷神翼龙的头骨高度仅有 15 厘米左右，但是脊冠的高度却能达到 1.2 米，几乎等于头骨高度的八倍。
这么大的脊冠一定有着非常重要的作用，它一方面能够让脑袋和身体保持平衡，控制转向；另一方面也是两性特征的体现。就像今天的鹿，只有雄鹿长有巨大的角，而雌鹿头上的角就要小得多。真难想象当雷神翼龙成群结队地飞过白垩纪的天空时，会是怎样壮观的场景！

雷神翼龙的脖子长而粗，身体较小，双翼长而窄，类似于今天的信天翁。
这样的身体结构让雷神翼龙更适于飞翔在宽阔的大海上，它们可能像今天的海鸟一样，在海洋中捕鱼，并在靠近海岸线的地方筑巢繁育后代。

雷神翼龙

中文名称：雷神翼龙
学　　名：*Tupandactylus*
释　　义：雷神的手指
体　　型：翼展可达 6 米
生存年代：早白垩世　化石产地：南美洲
命名者：Alexander Kellner
　　　　　Diogenes de Almeida Campos

帆翼龙：
它有一张龇着牙的鸭嘴

从帆翼龙我们就能看出翼龙家族在白垩纪的飞速发展，因为帆翼龙的翼展已经达到了 5 米，这是之前那些体型"巨大"的翼龙无法企及的！

帆翼龙长有一个巨大而细长的脑袋，它的嘴巴前端呈半圆形，就像鸭子的嘴巴一样，所以它还有另外一个名字——鸭嘴翼龙。不过，和光溜溜的鸭嘴不一样，帆翼龙嘴巴的前边还有向外突出的牙齿，这是它们捕食的好工具。

帆翼龙常常会在低空滑翔，寻找靠近水面的鱼，然后趁其不备，用那些锋利的牙齿把鱼儿叼到嘴巴里。

与脑袋相比，帆翼龙的身体并不长，不过其双翼较长，翼幅面积较大，尾巴很短。

帆翼龙

中文名称：帆翼龙
学　　名：*Istiodactylus*
释　　义：有帆的手指
体　　型：翼展超过 5 米
生存年代：早白垩世
化石产地：欧洲，亚洲
命名者：Howse，Milner，Martill

39

中国帆翼龙：它的嘴巴比较尖

这是中国帆翼龙，虽然它并没有帆翼龙的模式种——阔齿帆翼龙的体型大，但是它的翼展也达到了 2.7 米，在翼龙家族中也不算小。

中国帆翼龙的化石于 1999 年发现于辽宁省义县白台沟，它的正模标本化石包括头骨和不完整的颅后骨骼化石。

和我们前面提到的帆翼龙不同，中国帆翼龙并没有长有像鸭子一样扁平的嘴巴，它的嘴巴前面比较尖。

包科尼翼龙：它的下巴也像长矛

和我们人类一样，翼龙也经常因为一点小事和它们的同伴发生矛盾。瞧这两只包科尼翼龙，不知道因为什么撕咬在了一起。唉，希望它们只是闹着玩，千万别让这么血腥的争斗发生在同类当中······

下颌是包科尼翼龙身上最明显的部位，它异常锋利，没有牙齿，从侧面看，就像一个锋利的矛头。

很多古生物学家依据包科尼翼龙下颌的形状推测它们以鱼为食，因为它们锋利的下颌有助于减少捕鱼时水面带来的阻力。

但是后来的研究则显示，因为它们的脑袋过窄，脖子也过于细长，它们实际上无法像科学家先前推测的那样划过水面捕鱼。而根据包科尼翼龙与古神翼龙头骨的相似性，研究人员推测它们是以树木的果实为食的。

这也就解释了为什么包科尼翼龙是神龙翼龙科中体型较小的成员，因为它们必须有一个灵巧的身体，才能轻松地在树林间窜来窜去，寻找可口的果子。

包科尼翼龙的脑袋很大，头上有小型的头冠。因为目前仅仅发现了很少量的包科尼翼龙化石，所以我们对它们的了解并不多。

包科尼翼龙

中文名称：包科尼翼龙
学　　名：*Bakonydraco*
释　　义：包科尼山脉里的龙
体　　型：翼展 3.5~4 米
生存年代：晚白垩世
化石产地：欧洲
命名者：Jiany Corali，Atilla Ossi，David Wieshampel

与凶猛的南方盗龙和平相处的矮嘬龙

巨大的矮嘬龙和凶猛的南方盗龙共同分享着早白垩世南美洲的丛林，它们共同享用着这里丰富的资源，互不侵犯。一直到矮嘬龙年老体迈，寿终正寝……

能够在竞争激烈的生存环境中生活到年老而自然死亡，对于翼龙来说是一件非常困难的事情，但是这只矮嘬龙却做到了。在亿万年后，人们发现了它的化石。科学家推测这只矮嘬龙应该是年老后自然死亡的，真正算得上是寿终正寝了！

矮嘬龙的体型巨大，翼展可以达到 4~6 米，甚至更大。

矮嘬龙长着一个巨大的脑袋，可能超过 1 米长。在它的脑袋上还长着玫瑰型突起的脊冠。虽然它的脊冠看上去又宽又薄，但是却有着重要的作用。它们很可能能帮助矮嘬龙减少捕鱼时水体产生的阻力。

在矮嘬龙的嘴中长有锋利尖长的大牙齿，最前面的两颗尤其大，并且向前伸出。

矮嘬龙的脖子短而有力，身体和尾巴较短。

矮嘬龙

中文名称：矮嘬龙
学　　名：*Coloborhynchus*
释　　义：残缺不全的口鼻部
体　　型：翼展 4~6 米
生存年代：早白垩世
化石产地：南美洲，欧洲等
命名者：Richard Owen

掠海翼龙：海面上空的风景

或许你根本无法想象这样惊险的画面：在波涛汹涌的海面上，一只庞大的翼龙在几十米高的海浪中穿过，它准确地叼起被浪花卷起的一条小鱼，仰头把它吞到了肚子里！
这就是掠海翼龙的生存景象。因为庞大的体型，它无畏地对抗着恶劣的生存环境。

掠海翼龙真的很大，仅仅是它的头骨就长达 1.42 米，高 1.4 米。
在掠海翼龙巨大的脑袋上，有一个恐怖的头冠，它几乎占去了脑袋面积的 3/4，它从吻端出现，一直向后上方延伸，而在整个冠状突起的后面还有一个明显的 V 形凹口。它就像一个超大号的公鸡鸡冠，高高地耸立在掠海翼龙的头上。
掠海翼龙这个大型的头冠可不只是吓人的"花瓶"，它有利于掠海翼龙在飞行或追逐猎物时控制或改变方向，能起到舵的作用。当然，它也能作为雄性掠海翼龙有力的炫耀工具，为它们赢得异性的欢心。

掠海翼龙的头冠不仅以巨大而闻名，更重要的是，它为证明翼龙是温血动物，提供了一个新的有力的证据。因为古生物学家在掠海翼龙的骨质脊冠上面，发现了很多纵横交错的沟沟槽槽，他们认为这种构造可能是翼龙的血管。这些血管可以很好地将它们在飞行中产生的热量释放出去！
基于这一点，古生物学家认为翼龙的体温有可能是相对恒定的。

掠海翼龙体长约 1.8 米，翼展约 4.5 米，为了支撑它巨大的脑袋，它们的脖子非常粗壮。

掠海翼龙

中文名称：掠海翼龙　　学　名：*Thalassodromeus*
释　义：海上的滑翔者
体　型：翼展约 4.5 米，体长约 1.8 米
生存年代：早白垩世　　化石产地：南美洲
命名者：Alexander Kellner，Diogenes de Almeida Campos

壮观的夜翼龙群飞过天空

黄昏，是一天中思乡情结最浓的时刻，这点也适合夜翼龙。
当温暖的余晖开始笼罩大地，夜翼龙群也结束了一天的觅食工作，踏上了返家的旅途。

夜翼龙名字的由来是因为研究者在刚刚发现夜翼龙的时候觉得它长得非常像蝙蝠，于是认为它应该和蝙蝠一样在夜间活动，不过后来这一观点被证明是不正确的。

夜翼龙最突出的特点就是它庞大的头冠。
夜翼龙的头冠非常高，它的头骨加脊冠的长度几乎和它的翼展一样长，这在翼龙家族中是绝无仅有的。
如果算上脊冠，夜翼龙脑袋的长度几乎等于身体的三倍，这种脑袋与身体的比例绝对是所有脊椎动物中最大的。
所以，远远望去，夜翼龙的脊冠和它的双翼似乎组成了奔驰汽车的三叉星徽标，非常漂亮。

虽然夜翼龙的头冠很庞大，但是它的身体短小，几乎没有尾巴。
其双翼狭长，适于长距离滑翔。

被捕食的夜翼龙

在西部内陆海道称王称霸的夜翼龙也不总是胜利者。

当它们在面对海洋霸主沧龙的时候，往往显得有些无能为力。那巨大的脊冠并不能给它们带来多少好运，相反，会成为它们逃生时的累赘。

瞧，眼前这只正要捕食海里鱼儿的夜翼龙，一不小心便成了沧龙嘴巴里的美食！

夜翼龙虽然是很成功的族群，但是它们最终还是没能逃脱灭亡的厄运。这其中，强者的猎杀是一个原因，而另一个重要原因就是它们的头冠。夜翼龙如此特别的脊冠高度适应了西部内陆海道的环境，但是一旦环境发生了变化，它们的头冠便表现出了强大的不适应性，这也就导致它们迅速被环境淘汰了！

夜翼龙

中文名称：夜翼龙
学　名：*Nyctosaurus*
释　义：夜晚的蜥蜴
体　型：翼展约 2 米，体长 37 厘米，体重不超过 2 千克
生存年代：晚白垩世
化石产地：北美洲
命名者：Othniel Charles Marsh

准噶尔翼龙：中国发现的第一种翼龙

趁着古角龙外出的机会，准噶尔翼龙偷偷地衔起了它的一颗蛋。在没有鱼的日子里，准噶尔翼龙偶尔也会以这些恐龙蛋为食。

生存于早白垩世中国的准噶尔翼龙是一种大型的翼龙目动物，它的翼展能够达到 3~5 米。

除了翼展足够大之外，准噶尔翼龙的脑袋也非常大。它的脑袋达到了 50 厘米长，脑袋顶上还有漂亮的骨质脊冠。这个脊冠从它鼻眶前孔前方一直延伸至脑袋后方。脊冠的前端隆起，中间较低，而最末端又向后延伸成一个尖。

准噶尔翼龙的脊冠非常特别，是翼龙家族中最有代表性的头冠类型。

为了支撑如此巨大的脑袋，准噶尔翼龙就必须拥有粗壮的脖子和巨大的体型。准噶尔翼龙是目前中国发现的最大型的翼龙目动物之一，也是准噶尔翼龙科内最大的成员。同时，它也是中国发现的第一种翼龙目动物，它的发现具有重要意义，至今仍被作为中国翼龙的代表。

准噶尔翼龙

中文名称：准噶尔翼龙
学　　名：*Dsungaripterus*
释　　义：准噶尔盆地的翅膀
体　　型：翼展 3~5 米
生存年代：早白垩世
化石产地：亚洲，中国
命名者：杨钟健

惊恐翼龙：它得为自己起个有效的名字了

惊恐翼龙的名字是古生物学家依据希腊神话中的梦魇神伊贝特为它命名的，意思是翱翔在天空中的惊恐翼龙，会让地面上的居民感到惊恐。

虽然这个名字听上去既神秘又霸气，但却是个无效名，因为在古生物学家为惊恐翼龙定下这个名字之前，已经有一种鱼类使用了这个名字。按照国际物种命名法，惊恐翼龙需要换一个名字。

惊恐翼龙属于准噶尔翼龙科中体型较小的成员，它的翼展约为 1.58 米，体重大约只有 0.5 千克。

惊恐翼龙的头冠与准噶尔翼龙很像，从鼻眶前孔到眼睛上方有一道狭长的脊冠，而在脑袋后方还有一道向斜后方伸出的骨棒。

它们的脖子很粗，以鱼或地面上的其他小动物为食。

惊恐翼龙

中文名称：惊恐翼龙
学　　名：*Phobetor*
释　　义：来自希腊神话中的梦魇神伊贝特
体　　型：翼展约 1.58 米
生存年代：早白垩世
化石产地：亚洲，蒙古
命名者：Bakhurina

矛颌龙捕食

矛颌龙之所以叫这个名字，完全是因为它锋利的嘴巴长得像长矛。从化石上看，它的嘴巴前端就像长矛一样尖锐，就像我们在图中看到的，它能够用嘴巴轻易地戳穿猎物坚硬的甲壳。

矛颌龙也生活在早白垩世的中国新疆，是除准噶尔翼龙和湖翼龙之外，在准噶尔盆地发现的第三种准噶尔翼龙科动物。它的体型比准噶尔翼龙小，却比湖翼龙大，翼展能够达到 4 米。

有这么大的身体，矛颌龙的脑袋自然也不会很小。它的脑袋长约 40 厘米，头上长有大型的类似准噶尔翼龙的脊冠。
在矛颌龙的嘴中，长有两排细长的牙齿，这种牙齿结构适于捕鱼。矛颌龙长有粗壮有力的脖子、较小的身体和强壮的四肢。

矛颌龙

中文名称：矛颌龙
学　　名：*Lonchognathosaurus*
释　　义：长有长矛状颌骨的蜥蜴
体　　型：翼展约 4 米
生存年代：早白垩世
化石产地：亚洲，中国，新疆
命名者：Michael Maisch，Andreas Matzke，孙革

53

湖翼龙：舞动在湖泊上的翅膀

单单从湖翼龙的名字就知道，这种翼龙是生活在湖泊附近的。

湖翼龙生存在早白垩世的中国新疆，它的外形与准噶尔翼龙很相似，不过，体型就赶不上准噶尔翼龙了，它的翼展大约只有 2 米。

湖翼龙长有一个又尖又长的大脑袋，在脑袋上长有狭长的骨质脊冠。它的脑袋和脊冠的形状都和准噶尔翼龙很相像，唯一不同的地方就是湖翼龙的口鼻部比较平直，不像准噶尔翼龙那样微微向上翘起，而湖翼龙的脊冠也没有准噶尔翼龙那样起伏很大，它几乎在同一条水平线上。在湖翼龙的嘴中长有两排锋利的牙齿，这些牙齿是它们捕食的利器，结合强大的咬肌，能让它们咬碎猎物坚硬的甲壳。

在体型上，湖翼龙除了比准噶尔翼龙小一号之外，再没有什么更为明显的差别了。因此，有学者推测，湖翼龙可能是准噶尔翼龙的幼年个体，不过中科院地质研究所的吕君昌研究员在研究湖翼龙的正模标本时发现它本身是成年个体，从而证明了湖翼龙属的有效性。

湖翼龙

中文名称：湖翼龙
学　名：*Noripterus*
释　义：湖泊里的翅膀
体　型：翼展约 2 米
生存年代：早白垩世
化石产地：亚洲，中国
命名者：杨钟健

翼龙中的大明星

无齿翼龙是翼龙中的大明星，它的形象曾经被很多画家描绘过！

图为一只雄性翼龙向一只雌性翼龙在落日的余晖中炫耀着自己漂亮的头冠！

无齿翼龙：它最大的特点就是没有牙齿

无齿翼龙也属于神龙翼龙科，在风神翼龙发现之前，它们一直被认为是最大的翼龙目成员。成年的雄性无齿翼龙翼展能达到 5.6 米，雌性翼龙的翼展也能达到 3.8 米。

无齿翼龙属下有两个种，斯氏无齿翼龙（左）和长头无齿翼龙（右）。
这两个物种极其相似，它们的身体和双翼骨骼结构几乎都一样，区别只在于它们的头冠外形。
斯氏无齿翼龙的脊冠很高，而且很宽大；而长头无齿翼龙的头冠则比较窄，并且更加向后延伸。

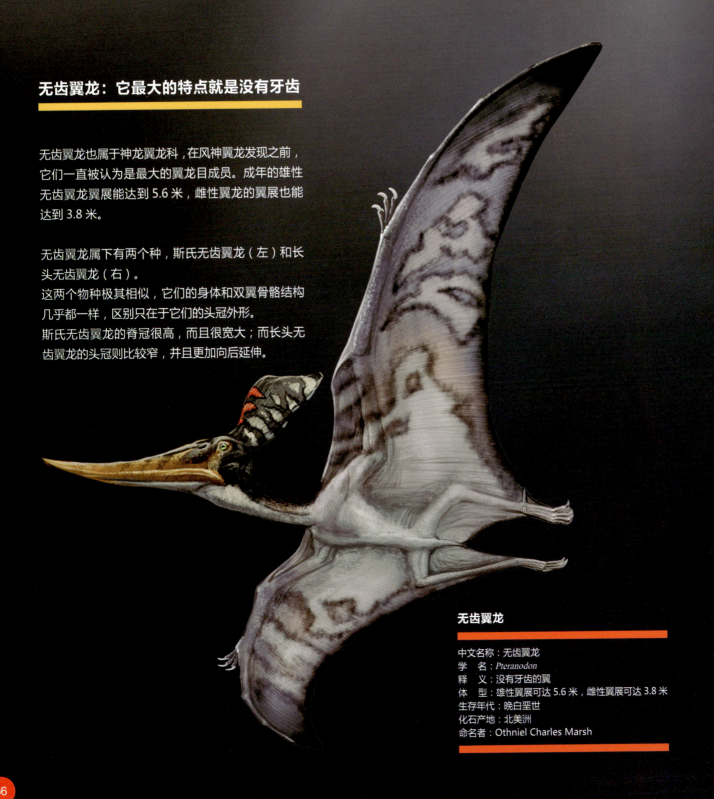

无齿翼龙

中文名称：无齿翼龙
学　　名：*Pteranodon*
释　　义：没有牙齿的翼
体　　型：雄性翼展可达 5.6 米，雌性翼展可达 3.8 米
生存年代：晚白垩世
化石产地：北美洲
命名者：Othniel Charles Marsh

56

从名字上看我们就知道，无齿翼龙的嘴巴里没有牙齿，就像今天的鸟类一样。

无齿翼龙的翼展宽大有力，加上它们强壮有力的背阔肌，可谓是优秀的飞行家。
和翼展相比，无齿翼龙的身体娇小，尾巴也很短。
另外，无齿翼龙的骨头是中空的，上面有很多小气孔，这可以帮助它们在飞行时减
轻重量。

正在觅食的浙江翼龙

战胜饥饿对任何一种动物来说，都是最为重要的任务。
两只浙江翼龙在池塘上空盘旋，寻找自己的食物。一只
浙江龙从远处走来，它并不想与浙江翼龙分享食物，它
爱吃的是那些新鲜的叶子。

浙江翼龙是纯正的神龙翼龙科成员，看上去，它们的脖
子的确非常修长。
浙江翼龙的身体不大，几乎没有尾巴，头顶上也没有脊
冠。它们生活在水边，以鱼类为生。

浙江翼龙

中文名称：浙江翼龙
学　名：*Zhejiangopterus*
释　义：来自中国浙江的翅膀
体　型：翼展 5 米
生存年代：晚白垩世
化石产地：亚洲
命名者：蔡正全，魏丰

神龙翼龙：冷酷的空中杀手

生活在晚白垩世亚洲中部的神龙翼龙，是神龙翼龙家族中的典型代表，它们的体型很大，翼展可以达到 6 米，几乎发展到了翼龙家族的顶峰。

神龙翼龙长有一个细长而巨大的脑袋，脑袋上方长有低矮的骨质脊冠。

神龙翼龙的嘴里没有牙齿，但是锋利的上下颌具有强大的破坏力。

神龙翼龙的脖子特别细长，这是后期大型翼龙类所共有的特征。

和它巨大的脑袋相比，神龙翼龙的身体较为细瘦，看上去和那个大脑袋有点不太相称。

神龙翼龙曾经被认为是一个不合格的飞行员，因为它的体质看上去太瘦弱了。为它命名的耐索夫甚至认为，它们只能在天气好的时候才能在天空中翱翔，并且必须栖息在气候温和的地区。

不过，这可真是为神龙翼龙多虑了。事实上，它们完全不像我们想象得那么脆弱，它们是卓越的飞行者，甚至是冷酷的空中杀手，可以从高处出击，猎食水中、陆地上和天空中的动物。

神龙翼龙

中文名称：神龙翼龙
学　名：*Azhdarcho*
释　义：沙漠中的龙
体　型：翼展可达 6 米
生存年代：晚白垩世
化石产地：亚洲
命名者：Lev A Nesov

61

风神翼龙：翼龙家族的国王

风神翼龙是翼龙家族中最大的成员之一。

如果你并不清楚这意味着什么，那么请看看这些数据吧：它们的翼展可以达到 12 米，甚至更大，也就是说双翅展开的风神翼龙有一辆公交车那么长；它的脑袋和脖子都接近 3 米，相当于两个个子小一点的成年人；它们站立在地面上有 5 米高，几乎相当于两层楼的高度。
只是看看这些数据就叫人不寒而栗，真无法想象这些庞然大物翱翔在天空时是何等壮丽的风景！

如此巨大的飞行动物简直颠覆了人们的想象，当然，对于当时的世界而言，它们也是一种奇迹。

它们具备了生存上最优越的条件，似乎可以这样一直生存下去了。可是谁都没想到，就在翼龙家族最为辉煌的时候，它们的末日竟然来临了。它们跟随着恐龙还有其他中生代动物，一起消亡在了一场大灭绝中。而留给我们的只有那些珍贵的化石，和对它们无尽的猜想！

风神翼龙

中文名称：风神翼龙
学　名：*Quetzalcoatlus*
释　义：像羽蛇神的巨兽
体　型：最大翼展可能超过 12 米
生存年代：晚白垩世
化石产地：北美洲
命名者：Douglas A. Lawson

翼龙家族的灭绝

风神翼龙身体的庞大不只为它带来了荣誉，更为它带来了实际的好处。

它或许可以不必像它的亲戚一样，去狂风大浪的海上捕鱼。当然，它的颈部不太灵活，所以捕鱼对它来说也不是件非常容易的事情。它的食物转向了陆地上那些小动物，甚至包括未成年的小霸王龙。

它巨大而强壮的身体根本不惧怕任何敌人，得到美味的食物对它来说轻而易举。

但即使是这样，风神翼龙还是彻底地离开了这个世界。风神翼龙的泯灭预示着整个翼龙家族的消亡，那些曾经在天空中战斗的英雄，就这样在它们最为辉煌的时刻退出了历史舞台。它们的离去似乎在告诉我们，翼龙家族永远只会把自己最高贵而优雅的形象留在大家心中。